身在
群山旷野中

中国世界地质公园随行影记

陈建路 著

上海文化出版社

目录
Contents

嵩山
世界地质公园 **032**

位置：河南省郑州市。

推荐地与看点：峻极峰、三皇寨、卢崖瀑布、纸坊湖、石淙河、五指岭、挡阳山、鞍坡山、少林寺和地质博物馆。

雁荡山
世界地质公园 **034**

位置：浙江省温州市。

推荐地与看点：灵峰、三折瀑、灵岩、大龙湫、雁湖西石梁洞、显胜门、仙桥–龙湖、羊角洞、方山、长屿硐天、楠溪江。

泰宁
世界地质公园 **038**

位置：福建省三明市。

推荐地与看点：石网、大金湖、八仙崖、金铙山、泰宁古城；丹霞、花岗岩、火山岩、洞穴、峡谷、溪流、古建筑。

克什克腾
世界地质公园 **042**

位置：内蒙古自治区赤峰市。

推荐地与看点：阿斯哈图、平顶山、西拉木伦、青山、黄岗梁、热水、达里诺尔、浑善达克和乌兰布统。

兴文
世界地质公园 **048**

位置：四川省宜宾市。

推荐地与看点：小岩湾地质园区、僰王山、太安石林、凌霄城；石海、溶洞、天坑、瀑布、石林、古城遗址。

泰山
世界地质公园 **050**

位置：山东省泰安市。

推荐地与看点：红门、中天门、南天门、桃花峪、后石坞；山峰、峡谷、怪石、溪流、瀑布、劲松、庙观、玉皇顶。

王屋山–黛眉山
世界地质公园 **056**

位置：河南省济源市、新安县。

推荐地与看点：天坛山、黛眉山、龙潭峡、黄河三峡；紫红色石英砂岩、波痕、泥裂、崩石、湖泊。

雷琼
世界地质公园 **060**

位置：广东省湛江市、海南省海口市。

推荐地与看点：湖光岩、龙门瀑布、龙门岩洞穴群、海口火山群；玛珥湖、瀑布、熔岩、火山口。

房山
世界地质公园 **064**

位置：北京市房山区、河北省保定市。

推荐地与看点：周口店北京人遗址、石花洞、十渡、上方山–云居寺、圣莲山、百花山–白草畔、野三坡、白石山。

镜泊湖
世界地质公园 **070**

位置：黑龙江省牡丹江市。

推荐地与看点：吊水楼瀑布、火山口森林、熔岩河、镜泊湖；高山堰塞湖、熔岩隧道、森林、瀑布。

伏牛山
世界地质公园 **074**

位置：河南省南阳市。

推荐地与看点：西峡恐龙遗迹园、西峡老界岭、真武顶园区；恐龙蛋化石群、高山、峡谷、森林、流水。

龙虎山
世界地质公园 **078**

位置：江西省鹰潭市。

推荐地与看点：龙虎山、龟峰、象山；丹山碧水，老君峰、仙女岩、象鼻山、道观。

自贡
世界地质公园　082

位置：四川省自贡市。

推荐地与看点：大山铺、荣县青龙山、自贡盐业园区；恐龙化石群遗迹、盐井及生产设施。

秦岭终南山
世界地质公园　084

位置：陕西省西安市。

推荐地与看点：翠华山、骊山、太平、黑河、朱雀、王顺山、南五台；山峰、崩石、瀑布、洞穴、沙流河床。

阿拉善沙漠
世界地质公园　088

位置：内蒙古自治区阿拉善盟。

推荐地与看点：腾格里沙漠、巴丹吉林沙漠、居延海；沙漠、湖泊、湿地、胡杨林。

乐业-凤山
世界地质公园　094

位置：广西壮族自治区百色市。

推荐地与看点：乐业大石围、凤山岩溶园区；天坑群、洞穴大厅群、天窗群、天生桥、红色遗迹。

宁德
世界地质公园　098

位置：福建省宁德市。

推荐地与看点：白水洋、白云山、太姥山；浅水河床、河谷壶穴群、峡谷曲流、花岗岩峰林。

天柱山
世界地质公园　102

位置：安徽省安庆市。

推荐地与看点：天柱峰、莲花峰、天池峰、迎真峰、关东群峰、总关寨、风动石、双乳石、神秘谷、通天谷。

香港
世界地质公园　106

位置：香港东北部。

推荐地与看点：西贡火山岩，新界东北沉积岩。

三清山
世界地质公园　112

位置：江西省上饶市。

推荐地与看点：南清园、三清宫、玉京峰、西海岸、万寿园、玉灵观、西华台、阳光海岸、石鼓岭、三洞口；奇松、奇峰、怪石、云海。

延庆
世界地质公园　116

位置：北京市延庆区。

推荐地与看点：千家店、龙庆峡、古崖居、八达岭；岩溶山峰、峡谷、断崖、直立岩层、化石、人文奇观。

神农架
世界地质公园　120

位置：湖北省神农架林区。

推荐地与看点：神农谷、板壁岩、燕子洞、天生桥、大九湖；溪谷怪石、森林、瀑布、高山湖泊。

昆仑山
世界地质公园　124

位置：青海省格尔木市。

推荐地与看点：纳赤台、西大滩、野牛沟、瑶池；不冻泉、大地震遗迹、河流湿地、高原湖泊、冰川。

大理苍山
世界地质公园　130

位置：云南省大理白族自治州。

推荐地与看点：苍山、洱海、古城、寺塔。

自 序

多年前，在对中国的世界遗产景观行摄之时，我开始见识到其中世界地质公园*的独特风采，一种被吸引、被打动、被召唤的感觉不时牵动着我。

此后数年，爬陡坡、涉溪谷、穿林间、进大漠、上荒岛，哪怕偏远孤单，当时的向往犹如夜之星、塔之灯，照耀着前行的旅途；久枯坐、熬长夜、苦冥思，虽然身心俱疲，但是闪动的灵感仿佛电之光、石之火，驱散着慵懒的袭扰；走过天之南、地之北，经历夏之暑、冬之寒，有一些场景尽管正在走向模糊的远方，然而最初的遇见及真切的感受好似春之歌、秋之韵，长存在记忆的脑海里；而且，为见到的地质奇观叹之美，为见证弥足珍贵的地质遗迹庆之幸。

谨把自己用脚步丈量、用眼神观察、用双手定格所收获的果实呈现给您，期待您欣赏的样子。

作者
2024年1月于上海

★ 本书中的"世界地质公园"是"联合国教科文组织世界地质公园"的简称。

黄山 世界地质公园

黄山原名"黟山"，因峰岩青黑，遥望苍黛而得名。历经地壳运动及风化、剥蚀等大自然的洗礼，形成了巍峨峻奇的花岗岩峰林地貌，以奇松、怪石、云海、温泉"四绝"而誉满四海。

苏幕遮 · 黄山

黛青岩，花岗料。鬼斧削石，品相惊世傲。拟物拟人
凝巧妙。抖落多余，役毕神工笑。

历天荒，经地老。枯坐皖南，不屑追逐峭。自有雨淋
风搅扰。岁月无声，峭竟熬成俏。

庐山 | 世界地质公园

地垒式断块山与第四纪冰川遗迹等构成的复合地貌景观，塑造出庐山千姿百态的形象，自古就赋予中国田园诗和山水诗画创作别样的灵感。

沁园春·庐山

水切冰蚀，地垒式样，断块山间。秀方圆天地，峰峦壑
谷，云霞雨雾，碧涧潭泉。叠瀑高悬，随风造作，细碎
如珠入玉渊。含鄱口，现盆川旷野，村舍云间。

匡庐这等悠闲，诱各路圣贤倾慕焉。记长康工画，朱熹
复院，四光冰论，茶圣开颜。印象田园，诗词歌赋，元
亮东坡白乐天。今盛世，步复兴之路，再会山巅。

云台山 世界地质公园

面对云台山的悬泉飞瀑、青龙峡的深谷幽涧、峰林峡的石墙出缩、青天河的碧水连天，还有神农山的似龙脊长城，人们不由自主地为这一幅幅北国江南的锦绣画卷击掌称绝！

卜算子·云台山

大暑水清凉，三九苔深绿。漫步红峡忘夏冬，在豫疑非豫。
风冷数青峰，日炙接甘雨。燕子呢喃北往时，春满温盘峪。

素有"天下第一奇观""石林喀斯特博物馆"的美誉，以石多似林而闻名。许多石峰、石柱拟人拟物，形象逼真，据说世界上几乎所有的喀斯特形态都集中在了这里。

如梦令·石林

石柱石峰匠造，拟物拟人形肖。万古话沧桑，传世传
神凭巧。奇妙，奇妙，天下为之倾倒。

丹霞山 世界地质公园

由红褐色砂砾岩构成的赤壁丹崖，以色彩斑斓为特色，取"色如渥丹，灿若明霞"之意，称之为丹霞山，是地理学"丹霞地貌"的命名地。丹霞的山石拟人拟物、似兽似禽，挑战着人们的想象力。

诉衷情·丹霞山

丹霞山上赏丹霞，色染壁坡崖。锦江穿越红翠，花笑岭南家。山妩媚，岸清华。惑奇葩。先生答问，遥指阳元，颊赤芳华。

张家界 世界地质公园

砂岩峰林地貌独树一帜，世上罕见，极其珍贵，被命名为"张家界地貌"。

踏莎行 · 张家界

天恼山高，风嫌体瘦，英姿倜傥因何咎？颀长帅气武陵身，谦谦不负潇湘秀。

一夜寒流，千峰银首，雪压衰朽无声后。挺拔天子更从容，换番景象风光又。

五大连池 世界地质公园

这里矗立着十四座新老期火山，科学家称之为"天然火山博物馆"。这里的矿泉水属铁硅质重碳酸钙镁型，被誉为"世界三大冷泉"之一。火山岩浆填塞远古凹陷盆地湖形成五个汐水相连的湖泊，五大连池由此得名。

清平乐·五大连池

山曾乱绪，滚滚烟灰雨 。岩沸浆灼忙割据，拈弄五池相遇。

湖静泊韵泉寒，石黑水绿天蓝。那片茂林咋在？残流未再纠缠。

嵩山 世界地质公园

连续完整地出露35亿年以来太古代、元古代、古生代、中生代和新生代五个地质历史时期的地层，且层序清楚、构造形迹典型，被地质界称为"五代同堂"。

鹊桥仙·嵩山

条条缝缝，根根线线，割就排排书脊。清清淡淡撰沧桑，一卷卷、自成一体。

挨挨挤挤，齐齐整整，册册登峰挂壁。薄薄厚厚尽珍籍，一本本、无需问岂。

雁荡山 世界地质公园

以白垩纪流纹质火山地质地貌为典型，以大型滨海山岳风景而著称，
因"山顶有湖，芦苇丛生，秋雁宿之"而得名。

浪淘沙·雁荡山

寻雁唠山民，叟笑天真。乱荻丛苇荡无存，十里春波
成久远，何以留禽？

岗顶绿茶林，烟雨先春。云袭雾绕旧湖盆，曾是归鸿
神往处，只剩传闻。

有人说今天的线谷就是明天的巷谷，明天的巷谷就是后天的峡谷——这得多少时光啊！真到了那一天，今天由80多处线谷（一线天）、150余处巷谷、240多条峡谷构成的峡谷群该是多么的壮观！奇迹会如愿以偿地出现在"后天"吗？

山坡羊·泰宁

春风失霸，群芳无卦，山茶樱桃花容尬。纷飞落涧头崖，壁中峡。
羡丹霞赤壁朱屏挂，听任漫天风雨擦。纵使崖，色不惧抹；纵使峡，色不惧抹。

克什克腾 世界地质公园

冰川遗迹、花岗岩、湖泊、河流、火山、沙地、草原、温泉及湿地等缠绵在一起，在秋日阳光的映衬下，仿佛一幅幅浓墨重彩的油画。与之融合共存的古遗迹、金长城、古战场等也给人留下深刻的印象。

念奴娇·克什克腾

巨岩形肖，似石阵、惊走獐狍狐鹿。整队迎敌旗猎猎，前哨铜墙暗堡。壮士结盟，奇兵卧地，饼果千军腹。将军巡看，射管直向天竖。

四下旷野空幽，正秋风落日，梳林斜树。小岗缓坡，天际线、横在苍茫端处。北大山巅，甫征鸿掠过，雁声如嘱。仿佛托付，守着芳草乡土。

兴文 | 世界地质公园

石海、洞天、天坑，被称为"兴文三绝"。在这里石灰岩广泛分布，形成独特的兴文式岩溶地貌。

山坡羊·兴文

灰岩层带，石芽坡盖，抽提浩淼遗留钙。阵风拍，固涛乖。浪高不过三尺外。波涌滔滔神似海。今，一片海；经，百万载。

泰山 世界地质公园

在新构造运动的影响下，泰山的侵蚀切割作用十分强烈，广泛发育不同类型的侵蚀地貌。

泰山的文化历史源远流长。雄卓多姿的壮丽山景以及帝王的封禅活动，引来历史文化名人纷至泰山游历著述，留下了数以千计的诗文碑刻，泰山俨然成为中国历代书法及石刻艺术的博览馆。建筑、绘画、雕塑、石刻与山石、林木等融为一体，是东方文明伟大而庄重的象征，也是中华民族精神文化的一个缩影。

满江红·泰山

太古杂岩，竟堆垒冲霄一岳。屹鲁中，眺河望海，吐云吞雪。傲骨天成托赤日，风华绝代昭银月。配苍松、劲挺壮雄卓，犹巍也。

山崇拜，皇权确。承天命，安邦社。借山高地厚，封禅答业。石刻沿途识雅士，碑碣一路甄骚客。遗产丰、谓五岳独尊，声名赫。

王屋山-黛眉山 世界地质公园

这里有被超厚的紫红色石英砂岩装扮得妩媚妖娆的黛眉山。

这里有云集亿万年地壳变迁遗迹、被称为储存地质信息"数据库"的王屋山。

这里有因修建小浪底水库而形成的万山湖。

这里有珍藏着由崩塌作用形成的巨大天碑的龙潭峡。

这里还是"愚公移山"故事的故乡。

踏莎行 · 王屋山–黛眉山

一脉同出，两山相对。断凹已淌黄河水。天生一本教
科书，寰球演化知珍贵。
川岳雄奇，人文荟萃。千秋万古无俦辈。王屋山下话
愚公，黛眉山里妆娇美。

由海南海口园区、广东湛江园区组成；系火山密集之地（共有101座火山）。公园核心园区湛江湖光岩玛珥湖是世界级著名的玛珥湖，是中国玛珥湖研究的起始地。湖光岩水体洁净清澈，偌大的湖面竟找不到枯枝败叶，哪怕从海上扑来的热带风暴刮得花飞草走、湖滨大树的树冠东摇西晃，它依然如此。

山坡羊·雷琼

熔岩无忌，生灵成祭，当年威猛今何觅？火山熄，鸟
儿栖，湛江玛珥花鱼戏，海口马鞍葱绿溢。轮，天道
矣。回，天道矣。

房山 世界地质公园

自中生代经燕山运动隆起后，又经新生代喜马拉雅运动抬升，使山地和丘陵间，河谷、阶地、洼地、沙丘及河谷滩地等地貌皆有分布，逐步形成了当今千姿百态的壮观景象。

忆秦娥·房山

岩对半，形如伴侣崖边挽。崖边挽，赏观林木，唠说银汉。

云压山顶秋风幻，笑谈红桦心旌乱。心旌乱，枝头叶色，绿黄红换。

镜泊湖 | 世界
地质
公园

某年晴夏的一天，游船载着一船人去看这蓝色的火山堰塞湖。数年之后的一个冬日，只有我们几个，踏着冰封的湖面，去看被冰困住的那艘曾经载着我们游湖的游船，并围着它转了一圈。身处白山黑水，又是林海雪原的故乡，有冰有雪的镜泊湖感觉很特别。

忆秦娥·镜泊湖

熔岩入，流浆堰塞截河谷。截河谷，哄着碧水，引
来无数。
纵然冰锁船行路，难收一众蹒跚步。蹒跚步，瞅着
湖破，闹着冬捕。

伏牛山 世界地质公园

与绝大部分山峰的峰顶直插云霄的造型不同，老界岭的山顶是斜向天际的"扮相"，乍一看，犹如一群青蛙匍匐在山巅；而海拔2200余米的主峰犄角尖，则像一只引颈高歌的雄鸡，面向东方，显得踌躇满志。

卜算子·伏牛山

老界岭朦胧，月亮儿疏懈？峰颈斜天欲探究，烟揉星光涩。

萧瑟喜风临，一甩乌云扯。秀爽如昨四下明，犄角尖边月。

龙虎山 世界地质公园

泸溪河畔的丹霞地貌景观尤为丰富和集中。公园分布着奇特的火山岩地貌及典型地层剖面，因此，科学价值和旅游观赏价值兼具。历史上，这里是道教的圣都仙山，还曾是古越人的家园，崖墓葬文化和道教文化颇具特色。

卜算子·龙虎山

河畔赤峰岩，岩顶葱葱木。木下空穴可置棺，棺入即成墓。

墓洞主无碑，碑且春秋骨。骨寄高崖古越风，风送魂归宿。

提起自贡，让人马上联想到的美称是："恐龙之乡""千年盐都""南国灯城""美食之府"。自贡世界地质公园尤以中侏罗世恐龙化石遗迹和井盐遗址为特色。

清平乐 · 自贡

大山铺醒，岂止恐龙幸。白垩破碎侏罗梦，留下迷奇
待省。

遥想万物之王，命运埋入荒凉。且问当今寰宇，人类
何以无殃？

秦岭终南山 世界地质公园

位于秦岭中段，地处中国南北大陆板块碰撞拼合的主体部位，是中国南北天然的地质、地理、生态、气候环境乃至人文的分界线。独特的地质天赋与终南山道教文化、西安（长安）古城文化交相辉映，引人入胜。

苏幕遮 · 秦岭终南山

贯东西，中耸峙。静坐一席，南北生别致。管甚北仰南
俯事？欣慰长安，常拜南山赐。

古都城，朝代史。周启唐终，千载十三帜。八百里秦川
倚恃。盛世辉煌，未短英雄志。

阿拉善沙漠 世界地质公园

腾格里沙漠是中国拥有湖泊数量最多的沙漠；中国第二大流动沙漠——巴丹吉林沙漠拥有世界上面积最大的鸣沙区，以及世界最高沙山；被誉为"活化石"的胡杨林为公园独自撑起一片生机；"沙漠明珠"居延海则悄然闪动着熠熠的光芒，让人魂牵梦萦。

点绛唇·阿拉善

秋，居延海观日出。

谁抹天青？群鸥收脚忙扑翅。几声音刺，粉转芦花紫。

剪影入屏，身染橘红赤。栖舟驶，苇洲移日，沙海金黄饰。

亿万年地质构造变动、风化侵蚀剥蚀、地下河水的溶蚀侵蚀，在地下形成了纵横交错的洞穴通道。随着地壳的逐渐上升，原来深埋的地下河也升露出来，产生持续不断的崩塌，地表遭受切割，峰高谷深，如此反复的作用，在有利于地质构造部位形成了天坑、天窗、溶洞、天生桥等别开生面的喀斯特地貌奇观。

鹊桥仙·乐业—凤山

幽峰深谷，残梁余壁，布柳天生桥贯。飞虹一道向重霄，乞巧夜、星河正灿。

神郎仙女，金风玉露，借渡凡间何患？这朝朝暮暮双双，似胜过、离愁别叹。

宁德 世界地质公园

白水洋园区内溪流密布，沟壑纵横，拥有国内发育典型、地貌类型齐全、景观丰富的火山岩峡谷地貌和被称为"浅水广场"的平底基岩河床地貌景观，最大的"浅水广场"达数万平方米，河床布水均匀，水深没踝。阳光下，一片白炽，形成了独特的多彩水体风光。

十六字令三首 · 宁德

石，平底基岩卧谷痴，平方米，四万问谁知？

石，承载清流半尺时，中洋漾，广场坐其实。

石，试水犹闻万马嘶。凭溪阔，浪懵悟蹄失。

天柱山
世界
地质
公园

　　身处扬子、华北两大板块的接合部，犹如两军对垒的前沿地带，板块俯冲、碰撞十分剧烈，形成了大别山超高压变质带的经典地段，全球罕见；更处于郯庐断裂带上，花岗岩地貌闻名于世，尤以崩塌堆垒地貌景观而让人折服。

水龙吟 · 天柱山

阵前板块争锋锐，断带决然交火。兵来士去，横冲直撞，不分强弱。折返俯冲，山坍崖碎，失魂散魄。待崩塌堆垒，格局初定，不曾料、景非我。

群览中天一座。顶云缠，因峰而绰。谷幽瀑泻，曲径黑窟，隘狭关锁。岩身石骨，附黏灵性，屈称宛若。诧坡积夏雪，奇葩一朵，不知谁错？

香港 世界地质公园

在繁华都市香港境内竟有层层叠叠的沉积岩，更有几何图形的火山石——它们别具一格、独一无二，令此地成为天然的地质学博物馆和休闲旅游胜地。

浣溪沙·香港

西贡万宜水库周边火山岩观感

图像几何如中邪，曲直多角看拿捏，柱石成壁更稀缺。

曾爆火山白垩纪，但俘盛誉六边节，环球遍地此一绝。

因玉京、玉虚、玉华"三峰峻拔，如三清列坐其巅"而得名。经历了三次大规模的海侵和数次地质构造运动，14亿年的沧桑巨变啊，造就了"花岗岩地质地貌学的一座天然博物馆"。

清平乐 · 三清山

陆海几度，却把峰岩塑。山势峻奇摩天路，还揽盆川为腹。

怀玉山脉巅空，紫飘气逸恢弘。最是三峰神似，自然道法通融。

数千米厚的碳酸盐岩，岩层面上留下了类型繁多、形态复杂的波痕；岩溶作用塑造了美轮美奂的喀斯特地貌，成为北方岩溶的一个经典。规模宏大的山前断裂、近乎直立的岩层、巨大的红石湾穹窿、六道河背斜、壮观的单斜构造等地貌景观纷繁呈现。生活于燕山运动时期的植物演变成硅化木，恐龙在这里留下了足迹。

山坡羊·延庆

崖居留案，峡江说碳，长城登岭千家叹。溯奇观，燕山酤。山折岳覆寰球颤，华夏版图初定断。瞻，延庆版。瞧，褶皱款。

园区内高峰耸立，被称为"华中屋脊"；水系发育，为湖北省境内长江和汉江的分水岭。东望荆襄、南通三峡、西接重庆、北临武当，所处的大地构造位置十分显著。神农架因华夏始祖炎帝神农氏在此架木为梯，采尝百草而得名。

苏幕遮·神农架

草萋萋，林荟荟。葱郁流年，空守一山贵。得幸天施炎帝惠。架上青青，且为神农配。

取医禾，尝草卉。以命相博，非是凡俗辈。品尽嘴中千百味。开化如饴，最苦当蒙昧。

昆仑山｜世界地质公园

昆仑山东西绵延2500公里，被尊称为"万山之祖"。公园位于东段，以地震遗迹、冰川冰缘地貌为主旋律，辅以历史悠久的道教文化和昆仑神话体系，兼有高原风光和生态系统景观。

沁园春·昆仑山

寒露时节，青藏沿线，漠野萧疏。话昆仑路上，雪山连亘，谷深壁险，砾滚尘浮。冻土留痕，似诘强震，欺侮西滩练动粗。立山口，问千丘万壑，凄美原初？

高原所见荒芜，患生命禁区活力无。却野牛沟内，冰川河谷，渚藜黄草，狐窜羚逐。牛壮羊肥，饿狼远眺，思量叼食算利途？料天暖，待瑶池惫醒，物竟归苏。

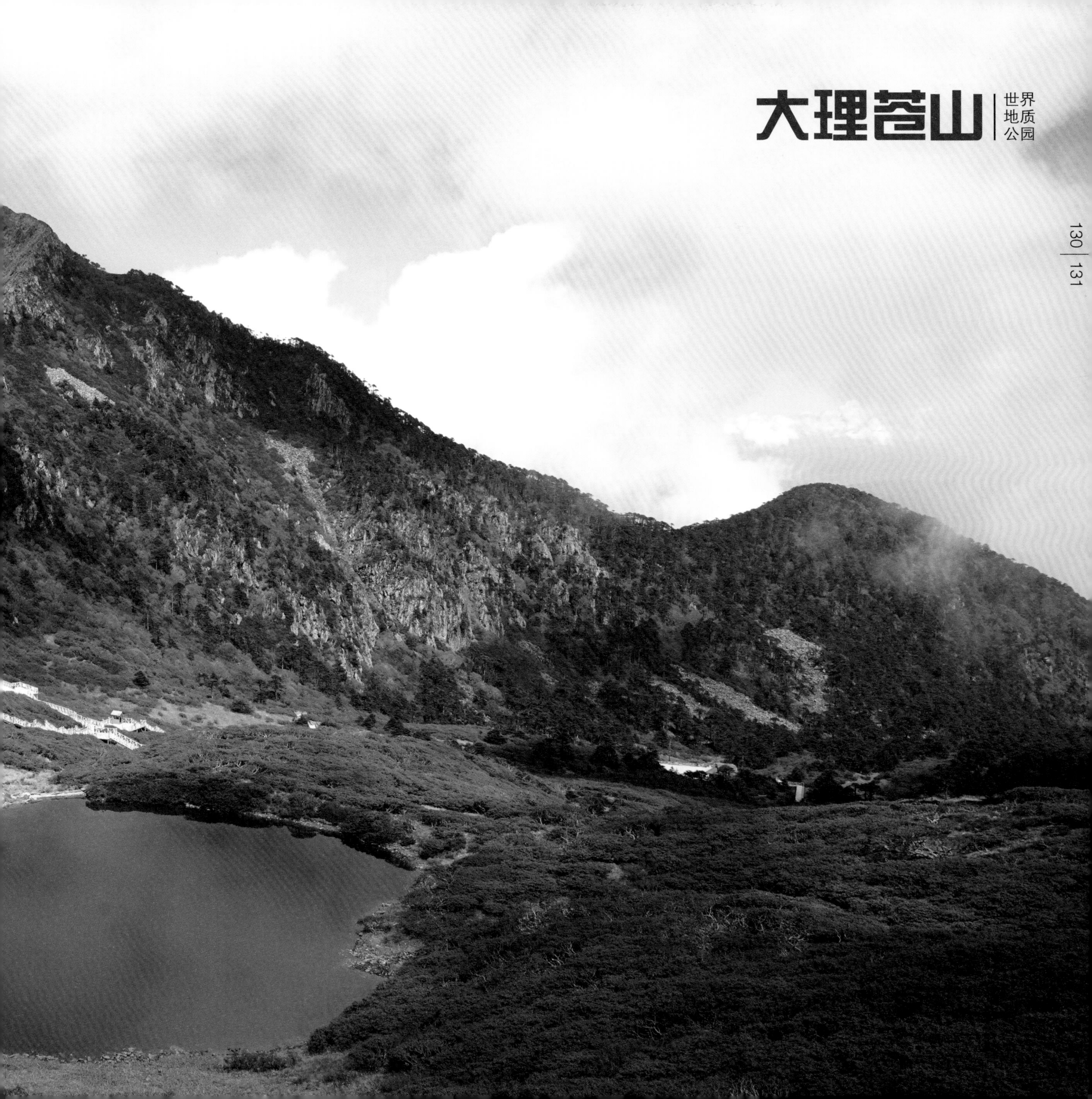

苍山十九峰，每两座山峰之间均有一条溪流，构成了苍山"十九峰十八溪"的独特景观。
大理苍山是孕育了近20亿年的"天然地质史书"，是"大理岩"和"大理冰期"的命名地。
特殊的地质地貌构成了优美的高原山水风光，传颂着风、花、雪、月的美景佳话。

虞美人·大理苍山

十八溪谷峰十九，曾载冰川厚。今闻约雪马龙愁，赊
欠寒流只待朔风邮。

泛舟洱海千寻顾，岸野连山麓。品茗三道道晴雯，入
眼似飞千古六诏云。

敦煌 世界
地质
公园

保护环境
请勿乱扔垃圾

如果说雅丹地貌、沙漠戈壁以及涌泉湿地是大自然的造化，那么莫高窟，古丝绸之路上的文化遗址阳关、玉门关以及古军事遗址汉长城、河仓城等则是敦煌历史文化的真实写照。

点绛唇·敦煌

此恨长风，雅丹一曲灰沙走。血亏皮皱，空叹身吹瘦。

高亢深沉，大漠轮弹奏。吼吼吼。魔音经久，只是声声旧。

织金洞 | 世界地质公园

　　谁能想象得到，这些蛰伏在独特而神奇大地中的岩溶等遗迹，竟是亿万年来历经磨难、包容、忍耐的结果——它们凭借着阳光、空气、雨露、生物，调制着滴水穿石的最佳配方，寻找并与合适的岩体相识相遇，共同打造出这样一座神奇美好的宝殿。得以见之，难道不是人类的幸运？

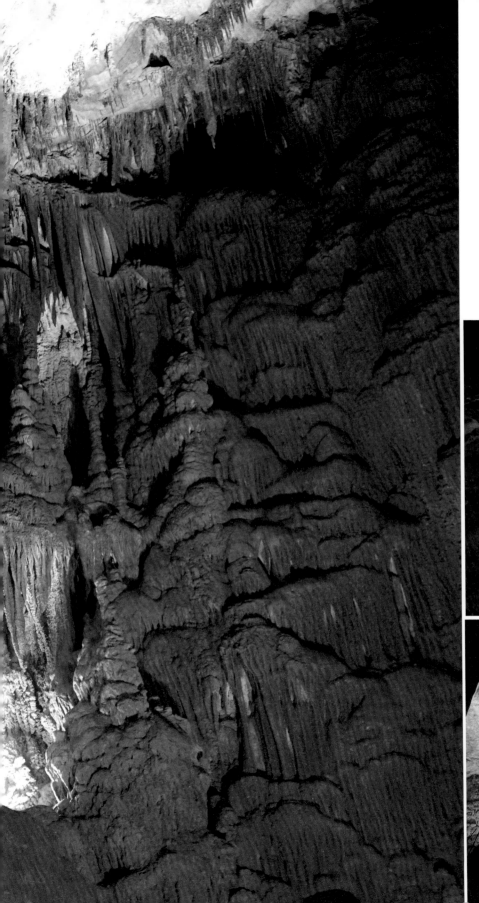

鹊桥仙·织金洞

惯于沉寂，忍从黑暗，岩踞万年守倔。神奇
游走水蚀间，且琢精华留长夜。

织金一洞，溶岩百态，微缩大千世界。应生
仙境在蓬莱，告假转摹喀斯特。

阿尔山 世界地质公园

以火山遗迹、温泉地貌、花岗岩地貌、高山湖泊及高原曲流河地貌为主要特征，是探索蒙古高原隆升机制以及研究中国北方地质环境演化的一部地学百科全书。

钗头凤·阿尔山

湖光闪，澄泉暖，上苍一泪天池范。龟背硬，石塘
静，瀑潭溪流，火山随性。赠、赠、赠。
秋知晚，寒风赶，耍玩霜叶偷黄染。骝池影，碧云
净，丘岗白桦，色夺风景。梦、梦、梦。

可可托海 | 世界地质公园

这里的三号矿，是世界级的花岗伟晶岩矿床，出产过八十多种矿产品，为国家航天等高科技领域的崛起以及偿还外债作出重大的贡献。在三号矿脉周边徘徊，有一种从未涉足的陌生与重生之地的熟悉交织在一起的感觉；眼前仿佛跳跃着前辈们一个个鲜活的身影。如果没有他们在艰难岁月中默默坚守、甘于牺牲，或许就没有我们的今天；此时此刻，除了被感动和崇敬占据以外，我的内心还有其他剩余的空间吗？

江城子 · 可可托海

山空脉断矿成坑，壁钎痕，刻生平。默遣国忧，多少付
牺牲。换取锂铍铌铯钽，偿外债，试核星。
冰原莽莽肃杀狰，洞风旋，野中哼。深穴冷月，遥对悯
飘零。无悔饥寒残病痛，身后事，祭忠诚。

光雾山-诺水河 世界地质公园

光雾山峰体浑圆，是花岗岩球状风化、寒冻风化的产物，号称"中国红叶第一山"。原本登攀其中的香炉山，是来看万山红遍层林尽染壮丽景象的，谁知抵达山顶后，不仅因云雾蒙蒙而错过美景，更被突如其来的狂风雷电捉弄得心惊肉跳、慌乱躲藏。风云莫测，风云莫测啊！

点绛唇·光雾山-诺水河

山撩焦云，烟争雾搅图天覆。气流顿悟，闪电香炉顾。

追叶风狂，光趁疏云误。一束束，渡移空谷，绿亮秦巴蜀。

黄冈大别山 世界地质公园

我想去走一趟黄冈大别山。到那里，我想去见识一下出露最完整的高压、超高压变质带岩石究竟为何方神圣，更想去看看距今约28亿年的片麻岩。传说中的那片仅10平方米的岩石，太过惊艳、足够诱惑，值得我去寻觅。我想去会会大别山那些海拔千米以上的山峰，看看那里的群山丘岗、河湖平原，逛逛天堂寨、龟峰山、天台山景区……如果适逢人间四月天，麻城看杜鹃就应属首选。那10万亩原生态古杜鹃群落该是何等的波澜壮阔！

谒金门·黄冈大别山

穿林过，几阵浮香跟我。四月龟峰红似火，古杜鹃
群落。

龟首插足局迫，目下畈冲交错。脚踩白云谁敢跺？
山尖秤胆魄。

沂蒙山
世界
地质
公园

这里是"岱崮地貌"的命名地（岱崮地貌是中国除喀斯特地貌、嶂石岩地貌、丹霞地貌、张家界地貌之外的第五种岩石造型地貌）。这里有中国最早的金刚石原生矿。这里人杰地灵，曾经是红色故土。

钗头凤·沂蒙山

山奇立，巅平碧，顶周崖壁刀削劈。缓坡渡，
入山麓，地貌独此，命收名录。嵓、嵓、嵓。
峥嵘地，烽烟记，献儿掬米沂蒙意。支前路，
孟良崮，红色基因，老区排布。赴、赴、赴。

九华山 世界地质公园

经历了漫长的地质运动，终于形成了山地错落、险峰插云、怪石嵯峨、幽谷深邃的地貌景观。独具魅力的山地环境自然被仙人高僧所青睐，久而久之，这里便成为闻名遐迩的风水宝地。

如梦令·九华山

轻雾黄墙翠柏，香客山梯关隘。祈愿跪天台，敬祖身平身矮。争拜，争拜，托付一份安泰。

这里有世界上规模最大的红色碳酸盐岩石林等地质遗址。古朴的少数民族文化与台地—峡谷、自然生态完美结合，构成自然、优美、和谐的人居环境，共同造就了神秘独特的武陵山区民族生态文化圈。

卜算子 · 湘西

淫雨虐王村，莫道营盘瘦。浩荡洪流泻下时，酉水波涛扭。

错落峭边楼，声震愁眉皱。瀑上芙蓉入梦难，辗转多一宿。

张掖 世界地质公园

是谁打翻了调色板，把这里的沟沟坎坎浸染得七彩斑斓？面对彩色丘陵和红色砂岩那一幅幅"杰作"，旅行箱里加放的几件诸如"神奇""妙不可言""无与伦比"之类的工具，在这相见的一刹那，被反复用来掩饰惊讶的神态。

清平乐·张掖

祁连邂逅，伊甸流连久。丘漠虽无三寸柳，怀抱丹
霞锦绣。

七彩浓艳梳妆，蛇绿岩套绝双。身沐甘州暮色，拖
累归返行囊。

后 记

　　首先需要交代的是，本书仅以自然风光作为切入点，从一个侧面来反映中国世界地质公园（以下简称"公园"）千奇百怪的地貌特征。地质学是一门博大精深的学科。公园的地理分布广泛，地貌形态多样，地质遗迹丰富，可谓天生丽质、各具魅力。而我所摄所写，难免挂一漏万，所谓外行，也就是看个热闹、有所经历罢了。

　　其次，关于本书图文编选还有以下三点需要说明：

　　一是公园简介的撰写尽可能突出个性化，尽量与图照相得益彰，避免格式化套路。其基础来自本人的现场游览、素材积累、资料检索和比对归纳。

　　二是作为一名"碰瓷（词）新手"，采用词曲样式来表达所见所闻实属初次，既算是一种尝新，也算是对自己学习能力的一个测试吧！至于效果，只能留待读者来评说了。

　　三是对于本书的图片，当然是经历过适当的比较才予以入选的。某些图片尽管存在一些遗憾，然而综合看来，似乎是本人较佳感觉的体现了。

　　限于条件和学识，本书难免存在不足，恳请指正。

　　最后，对出版本书提供帮助的所有朋友表示由衷的感谢！

编后语

罗英
（上海文化出版社副总编辑）

  陈建路先生的《身在群山旷野中——中国世界地质公园随行影记》画册即将付梓，我主动请缨写一篇编后感。

  我们上一次合作还是2016年，记得当我翻开《指尖上的经典——中国世界遗产随行影记》设计稿时，我首先被陈老师的执着精神所感动。陈老师这本书是献给即将退休的自己的，他给自己定了个"冲动"的目标，花数年的时间走遍50个中国世界遗产项目之地，然后出版一本画册。其次，我被陈老师的无知者无畏的精神所征服。从一个专业图片编辑的角度看，收入画册的照片都算不上专业，陈老师的摄影水平"段位很低"，照相机也非常"小儿科"，陈老师坦言，是用傻瓜数码机拍摄。然而，真正打动我的还是陈老师的照片。陈老师自谦画册是"写生画"，是"照相簿"，但是我从这些照片里看出了陈老师"冲动"后的理性：苦苦寻觅、艰难跋涉，既要做好案头功课，了解每一个中国世界遗产项目的特点，还要做好行程攻略。那几年陈老师不是已经走进了中国世界遗产之地，就是正在赶往的路上。他忙中偷闲，乐此不疲，心中只有一个清晰的目标，力求展示中国世界遗产之地的自然意境和人文内涵。

  我们合作的第一本画册成功了，陈氏风格的摄影作品是原汁原味的，画册首次印刷后又加印了，读者反响都不错。我和陈老师戏言，那么多的摄影家，心中都有出版个人作品集的梦想，但是达成的人不多，陈老师出手不凡。陈老师谦逊地说，是在圆一个年轻时代的梦想，因为从小对历史和地理有好奇心，对名胜古迹有念想。

  首次合作后和陈老师成了朋友。陈老师有个第二次的"冲动"——拍摄41处"中国世界地质公园"，再出版一本画册。此时，陈老师鸟枪换炮，添置了新的相机，身边有了一群铁粉，我也期盼着与陈老师的"第二次握手"。这次拍摄，因为疫情，有点曲折，有时，拍摄回来还要去酒店隔离，陈老师总是在电话里笑呵呵地说，我一个人独处，时间宝贵，就把照片都整理好了，功课也做好了。苦恼的"隔离"，陈老师"苦中作乐"。其间，为了香港的地质公园不能去拍摄，陈老师有过放弃的念头，而我总是劝说，"要全，要全，没有香港的地质公园，不行的"。终于可以去香港拍摄了，这次拍摄却异常艰难，连很多香港本地人也不知道地质公园在哪里。陈老师为东方之珠又添了一道彩。

当陈老师终于拍全了中国世界地质公园，我们团队集体选片，我们一次次被一张张大片震撼到了，情不自禁地叫好。陈老师居然说，你们说好啊，我怎么没有选这张。我突然发现，"冲动"拍摄的陈老师，对"陈氏风格"真的"无感"。陈老师一次次问我："你说好，好在哪里？"我告诉他，"陈氏风格"的照片好在有感染力，好在有老天眷顾。陈老师的拍摄不是"择时"而是"撞时"，每次赶到拍摄点，都是匆匆，光线要看"老天赏脸"，而陈老师运气真心不错，即便是乌云密布，他也能遇到"耶稣光"。地质公园的地貌都是鬼斧神工，我们的选片常常会发现一些奇妙的镜头：逆光下的山体，像伟人的雕像；夕阳里的天空突然冲出了"双龙戏珠"……

我从陈老师的第二本画册里，读懂了陈氏拍摄的秘密。我记得钢琴家摄影师安塞尔·亚当斯（Ansel Adams）说过："我们不只是用相机拍照，我们带到摄影中去的是所有我们读过的书、看过的电影、听过的音乐、走过的路、爱过的人。"陈老师的摄影之路，就是人生之路，他的陈氏画册里，满满的是他的人生哲思。我们阅读《身在群山旷野中——中国世界地质公园随行影记》画册，就是去领略陈老师翻过的千重山、走过的万条路，走进他的人生故事里，思索自己的人生，沉淀自己的感悟。

摄影路上，陈老师是我的榜样。

附录

中国世界地质公园名录

截至2023年，中国共有41处地质公园获批联合国教科文组织世界地质公园称号。以下简要列出各公园获批年份及所在地信息。

2004年（8处）

黄山世界地质公园（安徽）

庐山世界地质公园（江西）

云台山世界地质公园（河南）

石林世界地质公园（云南）

丹霞山世界地质公园（广东）

张家界世界地质公园（湖南）

五大连池世界地质公园（黑龙江）

嵩山世界地质公园（河南）

2005年（4处）

雁荡山世界地质公园（浙江）

泰宁世界地质公园（福建）

克什克腾世界地质公园（内蒙古）

兴文世界地质公园（四川）

2006年（6处）

泰山世界地质公园（山东）

王屋山－黛眉山世界地质公园（河南）

雷琼世界地质公园（海南，广东）

房山世界地质公园（北京、河北）

镜泊湖世界地质公园（黑龙江）

伏牛山世界地质公园（河南）

2008年（2处）

龙虎山世界地质公园（江西）

自贡世界地质公园（四川）

2009年（2处）

秦岭终南山世界地质公园（陕西）

阿拉善沙漠世界地质公园（内蒙古）

2010年（2处）

乐业－凤山世界地质公园（广西）

宁德世界地质公园（福建）

2011年（2处）

天柱山世界地质公园（安徽）

香港世界地质公园（香港）

2012年（1处）

三清山世界地质公园（江西）

2013年（2处）

延庆世界地质公园（北京）

神农架世界地质公园（湖北）

2014年（2处）

昆仑山世界地质公园（青海）

大理苍山世界地质公园（云南）

2015年（2处）

敦煌世界地质公园（甘肃）

织金洞世界地质公园（贵州）

2017年（2处）

阿尔山世界地质公园（内蒙古）

可可托海世界地质公园（新疆）

2018年（2处）

光雾山–诺水河世界地质公园（四川）

黄冈大别山世界地质公园（湖北）

2019年（2处）

沂蒙山世界地质公园（山东）

九华山世界地质公园（安徽）

2020年（2处）

湘西世界地质公园（湖南）

张掖世界地质公园（甘肃）

图书在版编目（ＣＩＰ）数据

　身在群山旷野中：中国世界地质公园随行影记 / 陈
建路著. —— 上海：上海文化出版社, 2024.1
　ISBN 978-7-5535-2906-6

　Ⅰ.①身… Ⅱ.①陈… Ⅲ.①地质－国家公园－中国
－摄影集 Ⅳ.①S759.93-64

　中国国家版本馆CIP数据核字(2024)第011228号

出　版　人　姜逸青
责任编辑　王建敏
装帧设计　江　帆

书　　名　身在群山旷野中——中国世界地质公园随行影记
作　　者　陈建路
出　　版　上海世纪出版集团　上海文化出版社
地　　址　上海市闵行区号景路159弄A座3楼（邮编：201101）
发　　行　上海文艺出版社发行中心
　　　　　上海市闵行区号景路159弄A座206（邮编：201101）www.ewen.co
印　　刷　上海邦达彩色包装印务有限公司
开　　本　787×1092　1/12
印　　张　16
印　　次　2024年1月第一版　2024年1月第一次印刷
书　　号　ISBN 978-7-5535-2906-6/J.647
定　　价　198.00元

告 读 者　如发现本书有质量问题请与印刷厂质量科联系
电话：021-62832760